上海市老年教育推荐用书
上海市老年教育教材研发中心

老年人智慧生活

初级篇

U0397520

上海教育出版社
SHANGHAI EDUCATIONAL
PUBLISHING HOUSE

本书编委会

主　编：马　维

副主编：韩　雯　尹　娜

编　委：赵　华　吴如如　李　菲

前言

　　教材之于教育，如根之于树。上海市老年教育推荐用书就是坚守这样一份初心，通过一批又一批的优秀教材，让老年教育这棵大树向下扎根、向上生长。

　　多年以来，在上海市学习型社会建设与终身教育促进委员会办公室、上海市教委终身教育处和上海市老年教育工作小组办公室的指导下，由上海市老年教育教材研发中心牵头，联合有关单位和专家共同研发了系列上海市老年教育推荐用书。该系列用书秉承传承、规范、创新的原则，以国家意志为引领，聚焦地域特色，凸显新时代中国特色、上海特点，旨在打造老年教育精品化、优质化学习资源，引领并满足老年人的精神文化需求。

　　于细微处见知著，于无声处听惊雷。本次出版的推荐用书，紧跟新时代步伐，开拓创新，积极回应老年人新的学习需求，旨在培养"肩上有担当"的新时代有进步的老年人。推荐用书的主题既包含老年人智慧生活、老年人触手可及的 AI 新科技等时代热点和社会关注点，也包含老年人权益保障、老年人心理保健、四季养生、茶乐园、家居艺术插花、合理用药等围绕老年人品质生活需求的内容。推荐用书的呈现形式以老年人学为中心，在内容凝练的前提下，强调基础实用，又不失前沿与引领；强调简明扼要、通俗易懂，又不失深刻与系统。与此同时，充分利用现代信息技术和多媒体手段，配套建设推荐用书的电子书、有声读物、学习课件、微课等多种数字学习资源；更新迭代"指尖上的老年教育"微信公众号的教育服务功能，打造线上线下"双向"灵活多样的学习方式，多途径构建泛在可选的老年学习环境。

编写一套好的教材是教育的基础工程。回首推荐用书的研发之路，我们这个基础打得可谓坚实而牢固。系列推荐用书不仅进一步深化了老年教育的内涵发展，更为老年人提供了高质量的学习资源服务，让他们在学习中养老，提高生命质量与幸福感，进而提升城市软实力，助力学习型城市建设。

点点星光汇聚成璀璨星河。本套上海市老年教育推荐用书凝聚了无数人的心血，有各级领导、专家的悉心指导，有老年教育同行的出谋划策，还有所有为本次推荐用书的出版作出努力和贡献的老师，在此一并感谢。

以书为灯，在书中寻找答案，在书中发现自己，在书中汲取力量，照亮老年教育发展之路……

上海市老年教育教材研发中心

2023 年 9 月

编者的话

　　智能时代与老龄化时代的交汇，为老年朋友提供了更为便利、智慧的生活方式。然而，在时代变迁的过程中，技术发展与老年人的需求有所脱节。由于老年人缺少对现代智能产品的了解与掌握，当他们面对智能生活场景中出现的多重"数字鸿沟"时，遇到了诸多应用障碍。特别是智能手机的应用有一定技术门槛，老年人往往难以享受到它所提供的便利服务，缺乏对生活的掌控感。

　　提升数字素养能帮助老年人缩小"数字鸿沟"，更近距离地拥抱智能时代。"老年人智慧生活"系列图书以熟悉的生活场景作为情境导入，分层级地为零基础或有一定基础的老年人编写了"初级篇"和"进阶篇"两本智能手机使用教程，助力老年人掌握更多技能，拥有更多信心。

　　《老年人智慧生活初级篇》通过介绍智能手机入门操作、微信社交、支付宝支付、随申办市民云等不同模块的内容，助力老年人解决在日常生活中遇到的社交、出行、就医、消费等方面的实际困难，让老年人更好地使用智能手机，掌握智能手机的基础使用技巧。

　　《老年人智慧生活进阶篇》通过介绍日常生活场景应用、图片和视频处理、休闲娱乐等不同模块的内容，助力老年人掌握便捷生活、休闲娱乐等提升日常生活品质的智能手机使用技巧，让老年人更好地运用智能手机，掌握智能手机的一些隐藏或实用技巧。

两本图书为老年人提供了日常生活场景中通俗易懂的智能手机操作指南，希望能为老年人带来更为安全、便捷、舒适的智能生活体验。

由于编写时间和水平有限，书中难免有不妥之处，欢迎读者提出宝贵的意见与建议。

编者

2023 年 5 月

目　录

第一章 智能手机入门操作

伴随智能手机在日常生活中的不断普及，人们在享受智能手机便利的同时，也面临着各种安全威胁。本章主要通过智能手机的"设置"功能，不仅介绍了一些日常生活小工具，还重点讲解了智能手机的安全设置、隐私保护设置、杀毒、加速、清理等操作，以及智能手机连接 Wi-Fi 和移动数据、设置简易模式、下载常用软件等基本功能。

【学习目标】

完成本章内容的学习后，您将：

1. 学会设置闹钟；
2. 学会手机安全设置；
3. 学会手机隐私保护设置；
4. 学会使用安全管家进行杀毒；
5. 学会使用安全管家进行加速；
6. 学会使用安全管家进行垃圾清理；
7. 学会连接 Wi-Fi 和移动数据；
8. 学会开启智能手机的简易模式；
9. 学会下载和安装软件。

【温馨提示】

1. 由于苹果手机采用了不同的安全策略，无须进行专门的杀毒、清理、加速等，因此本章讲解的隐私保护、安全管家等功能不适用。

2. 受个人智能手机设置习惯不同、App 功能和技术更新等因素的影响，不同人的操作细节可能稍有出入，请以实际操作为准。

知识点 1
如何设置闹钟

　　手机闹钟是一种灵活的工具，只要简单操作，便能准时、定期地提醒人们需要完成的事项。除此之外，还可以为不同的事项设置不同的铃声，从而实现不一样的提醒。

情境导入

　　智叔叔退休后，主动承担起接送孙女上下学的任务。某天下午，智叔叔正在和王叔叔聊天。一看时间，已经 14：50 了。于是，智叔叔对王叔叔说："由于学校周一到周五每天 15：30 放学，为了能第一时间接到孙女，我每天 15：10 就得从家里出发。之前有几次，因为有事导致出发晚了，让孙女等了一会儿。现在时间不早了，我得收拾一下，出发接孙女了。"王叔叔说："老智，你可以用智能手机设置闹钟来提醒自己，这样就不会忘记了。"智叔叔说："老王，那你赶快教教我怎么弄吧。"

具体步骤

　　第一步：找到并点击手机桌面上的"时钟"。
　　第二步：找到闹钟界面下方的添加按钮"+"，并点击。
　　第三步：设置时间（智叔叔需要提前 10 分钟提醒，所以设置闹钟为 15：00）。

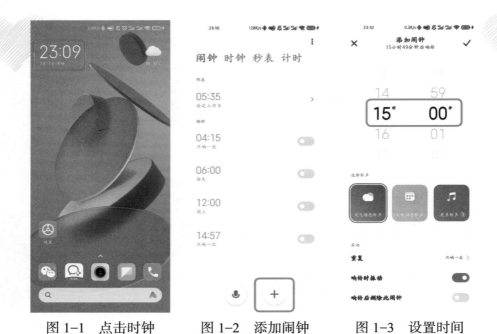

图 1-1　点击时钟　　　　图 1-2　添加闹钟　　　　图 1-3　设置时间

第四步：设置闹钟提醒的频率，选择"重复"，并点击（智叔叔的孙女周一到周五上学，周末、节假日不上学，所以设置响铃时间为法定工作日）。

图 1-4　设置闹钟提醒的频率

第五步：设置闹钟提醒的铃声，先点击"更多铃声"，再点击"选取在线铃声"或"选取本地铃声"。

图1-5　选择铃声

第六步：点击右上角的"✓"，即可保存闹钟。

图1-6　保存闹钟

第七步：闹钟响铃后，有两种不同的处理方式。一种是选择"10分钟后提醒"，闹钟将在10分钟后再次提醒；另一种是向上滑动，将彻底关闭闹钟，不再提醒。

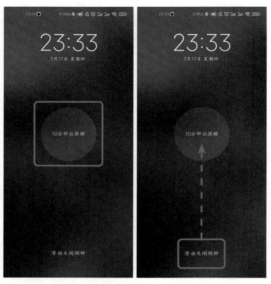

① 10分钟后提醒　　② 滑动关闭闹钟

图1-7　闹钟响铃后的不同处理方式

第八步：选择按钮"⬤⚪"，并向左滑动，即可关闭闹钟。

图1-8　关闭闹钟

知识点 2
如何进行手机安全设置

本书中的手机安全设置是指出现智能手机丢失或被偷盗等意外情况时，能有效防止别人盗用我们的手机，避免出现钱财损失等问题。其中，主要包括设置锁屏密码和设置 SIM 卡 PIN 码两种方法。

🎥 情境导入

　　慧阿姨自从学会使用智能手机之后，虽然也认为用手机买东西、打车、导航特别方便，但总是担心手机遗失被别人捡走后，别人会打开自己的手机买东西等，造成金钱损失。慧阿姨如何通过手机安全设置来保障安全？

 具体步骤

1. 设置锁屏密码

设置锁屏密码可以保障手机丢失后，别人既无法打开手机，也不能获取或者使用手机安装的各种 App，从而避免造成损失。

💡 注意

　　请牢记自己设置的锁屏密码。

第一步：找到并点击手机桌面上的"设置"。

第二步：下滑页面，找到并点击"安全"。

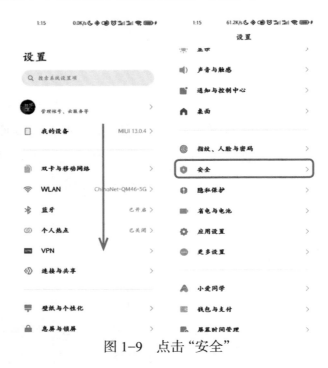

图1-9 点击"安全"

第三步：找到并点击"锁屏密码"。

第四步：选择一种锁屏密码形式进行设置即可，如图案密码、数字密码、混合密码。

选择图案密码时要注意：（1）选择至少4个点绘制一个图案；（2）再次绘制之前的图案。

选择数字密码时要注意：（1）输入4—16位的数字组合作为密码；（2）再次输入之前的数字组合。

选择混合密码时要注意：（1）输入数字、字母、字符等组合作为密码；（2）再次输入之前的密码组合。

图 1-10　点击"锁屏密码"　　图 1-11　选择密码形式

2. 设置 SIM 卡 PIN 码

第一步：找到并点击手机桌面上的"设置"。

第二步：下滑页面，找到并点击其中的"安全"。

第三步：先找到并点击其中的"SIM 卡安全保护"，再找到并点击其中的"SIM 卡"。

> **注意**
>
> 　　设置 SIM 卡 PIN 码后，每次重启手机时，都需要输入 PIN 码。如果忘记了 PIN 码，则需要携带有效身份证件到相应的通信营业厅进行解锁。

图 1-12 设置 SIM 卡安全保护

第四步：滑动"锁定 USIM 卡"右侧的滑动条。

第五步：输入一个数字组合作为 SIM 卡 PIN 码。

图 1-13 锁定 USIM 卡 图 1-14 设置 SIM 卡 PIN 码

知识点 3
如何设置手机隐私保护

　　手机隐私保护是指个人在使用手机时，保护个人信息如通讯录、位置信息、语音信息、图片信息等不被未经授权的人或组织获取和使用的一系列措施。设置手机隐私保护的目的有两个：一是让手机 App 不能自动获取我们的隐私信息；二是确保隐私信息只能在特定手机 App 内使用。

情境导入

　　今天，智叔叔看到了这样一条新闻：某天，24 岁的马女士在淘宝 App 购买了一个婴儿保暖睡袋。当天下午 3 点左右，马女士接到自称是卖家员工打来的电话，说她的订单出现了问题，需要办理退款。马女士按其指引完成操作后却收到了银行发来的短信。短信显示马女士银行卡里的 3400 元被全部支出。之后，真正的卖家又打来电话。马女士这才意识到自己被骗了，便立即报了警。警察告诉马女士，是因为她的手机隐私泄露了，所以才被骗子盯上了。

　　于是，智叔叔马上拿起手机，开始设置手机隐私保护。

具体步骤

　　第一步：找到并点击手机桌面上的"设置"。

第二步：下滑页面，找到并点击其中的"隐私保护"。

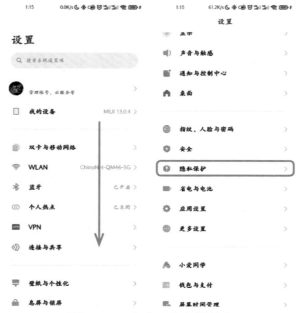

图 1-15　点击"隐私保护"

第三步：找到并点击其中的"保护隐私"。

图 1-16　点击"保护隐私"

第四步：下滑页面，找到并点击其中的"应用权限设置"。

第五步：给每个应用设置权限，其中最为关键的是"短信与彩信""电话与联系人""读写手机存储""相机""录音""定位"等。由于设置方法相同，这里以"定位"设置为例。

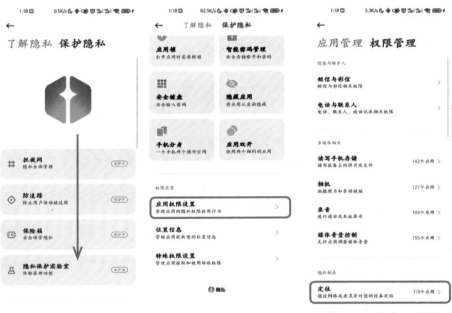

图 1-17　点击"应用权限设置"　　图 1-18　点击"定位"

点击"定位"，可以看到所有需要获得定位信息的 App，依次为每一个 App 设置是否允许其获取定位信息。由于设置方法相同，这里以"百度地图"应用为例。

点击"百度地图"，则会出现"拒绝""询问""仅在使用中允许""始终允许"。

选择"拒绝"后，App 将无法获取你的位置信息，最为安全。但是，部分需要定位的 App 将无法使用，如地图、外卖等。建议谨慎设置，可针对那些没有必要获取位置信息的 App，如美图、视频等。

选择"询问"后，App 获取你的位置信息时，手机会进行提

醒，届时可以允许或拒绝，较为安全。因此，可以为所有 App
设置此选项。

选择"仅在使用中允许"后，App 可以获取你的位置信息，
但是无法外传到其他地方，安全性一般。对于一些需要频繁获
取位置信息的 App，如果将其设置为"询问"，就会频繁地需要
你做出选择，操作起来会比较麻烦。如果此类 App 是常用的，
且安装途径正规，可设置此选项。

图 1-19　将百度地图的定位设为"仅在使用中允许"

选择"始终允许"后，App 可自由获取你的位置信息，非常
不安全。无论是何种 App，皆不建议选择此选项。

知识点 4
如何进行手机杀毒、
加速、清理

　　智能手机在连接网络、安装 App、传输文件等过程中，也可能存在一些影响手机正常使用的手机病毒，因此要定期对其进行手机杀毒。

　　随着智能手机使用过程中开启的 App 越来越多，手机的反应速度会越来越慢，因此要定期对其进行加速。同时，智能手机使用过程中会产生越来越多的文件，这些文件会占用很大的手机存储空间，因此要定期对其进行清理。

情境导入

　　情境一：慧阿姨的智能手机最近总是提醒她长时间没有进行安全体检了，她应当如何进行操作？

　　情境二：慧阿姨的智能手机最近反应比较慢，为了不影响正常使用，她可以通过什么操作临时进行优化加速？

　　情境三：慧阿姨的智能手机最近总是提醒她手机存储空间不足，为了不影响正常使用，她可以通过什么操作临时增加手机存储空间？

第一步：找到并点击手机桌面上的"手机管家"，再点击"病毒扫描"。

图 1-20　进行病毒扫描

第二步：找到并点击手机桌面上的"手机管家"，再点击"优化加速"。

图 1-21　进行优化加速

第三步：找到并点击手机桌面上的"手机管家"，再点击"垃圾清理"。

图1-22　进行垃圾清理

知识点 5
如何连接无线网络（Wi-Fi）和移动数据

移动互联网的普及，既使智能生活逐渐融入千家万户，又使中老年朋友的生活方式更加便捷。Wi-Fi 和移动数据的使用，可以帮助人们随时随地连接网络，接触互联网世界。

📹 情境导入

情境一：近期，慧阿姨的女儿给她买了一部智能手机。她听小姐妹们说过智能手机能实现很多功能，如线上视频通话等，便疑惑道："为什么我的智能手机还用不了这些功能？"原来是慧阿姨还没有连接家中的 Wi-Fi。怎么才能连接家中的 Wi-Fi？

情境二：慧阿姨掌握了在室内通过连接 Wi-Fi 进行"网上冲浪"的技能，但她在室外想使用相应的功能时，又遇到了麻烦。慧阿姨问道："我的智能手机一出门就不能使用了，是不是坏掉了？"其实，是因为在室外无法连接家中的 Wi-Fi。此时，要连接移动数据后才能上网。慧阿姨要想在室外连接自己的移动数据，具体要怎么操作？

具体步骤

1. 连接 Wi-Fi

第一步：找到并点击手机桌面上的"设置"。

第二步：找到并点击"WLAN"，将其开启。

图 1-23　开启 WLAN

💡 **注意**

未设置"WLAN"前，该功能键右侧为"已关闭"，并显示为灰色。

第三步：在页面下方会出现智能手机可以接收到无线信号的 Wi-Fi 名称列表，从中选择需要连接的无线网络。

第四步：在密码栏中准确地输入该无线网络的密码。

第五步：确认输入的密码无误后，点击"连接"。

图 1-24　选择无线网络　　图 1-25　输入密码　　图 1-26　点击"连接"

　　第六步：提示网络连接成功。成功连接 Wi-Fi 后，不但可以在"WLAN"页面看到所连接的 Wi-Fi 显示"已连接"，而且在手机屏幕的左上角会出现 Wi-Fi 图标。

图 1-27　连接成功

老年人智慧生活初级篇

2. 连接移动数据

第一步：在手机桌面上的"设置"图标中找到"移动网络"，并点击。

第二步：找到并点击"移动数据"。

第三步：找到"移动数据"，并滑动右侧按钮，即可打开网络数据。

图 1-28　点击"移动网络"

图 1-29　点击"移动数据"

图 1-30　打开网络数据

💡 **注意**

1. 苹果手机中管理移动数据的按钮为"蜂窝网络"。

2. 连接移动数据的过程中会产生一定的流量费用。这笔费用由手机电话卡的运营商进行收取，因此可根据自身的流量使用情况开通相应的流量套餐。

知识点 6
如何设置手机简易模式

智能手机的使用，给人们的生活带来了极大的便利，但老年人在使用智能手机的过程中却会遇到一些障碍。对此，智能手机的功能设置有诸多"适老化"优化，手机简易模式就是其中之一。设置这一模式后，老年人能看到更为简洁、清晰的手机界面。

情境导入

慧阿姨上了年纪，刷手机时总感觉屏幕上的图标和文字太小了，看不清楚。

慧阿姨说："智能手机是很好，就是文字很小，我看着总是眼花缭乱的，找起东西很麻烦。"

慧阿姨的女儿告诉她："妈妈，智能手机比我们想象的要方便很多。"

慧阿姨疑惑道："真的吗？"

慧阿姨的女儿说："是的。这里有个小技巧，设置后便能看到一个简洁清晰的大字体界面。"

慧阿姨说："这么好吗，你快教教我具体要怎么操作吧！"

 **具体步骤**

第一步：在手机桌面上的"设置"图标中找到"系统和更新"，并点击。

图1-31　点击"系统和更新"

第二步：找到并点击"简易模式"。

第三步：在"简易模式"页面中点击"开启"。

图1-32　开启简易模式

第四步：切换到主界面，即可看到桌面的图标和文字都变大了。

第五步：如果想要退出简易模式，则要再次进入设置页面，点击"退出简易模式"即可。

图1-33　简易模式下的主界面

图1-34　退出简易模式

💡 **注意**

1. 苹果手机和部分安卓手机无此功能。

2. 不同安卓手机型号的简易模式名称可能有所区别，如"长者模式""简易模式"，因此要灵活掌握。

知识点 7
如何下载和安装软件

智能时代，人们在社交、娱乐、休闲、购物中逐渐依赖手机应用软件。因为手机应用软件扩展了智能手机的应用功能，丰富了人们在智能时代的生活体验。手机应用软件包含预装软件和下载软件：预装软件包含日历、时钟、音乐、相机、地图等，一般是手机出厂自带的应用软件；下载软件是指使用者从手机应用市场下载的软件。

情境导入

最近，慧阿姨在社区中和自己的小姐妹闲聊时发现她们已离不开微信和支付宝这两个应用软件了。小姐妹们告诉慧阿姨："微信和支付宝是智能手机的必备软件，买菜支付、生活缴费、聊天、交友等，都会用到这两个软件。"慧阿姨看了下手机，发现自己还没有这两个"宝藏"软件。慧阿姨要如何在自己的手机中下载和安装这两个软件？

具体步骤

第一步：找到并点击手机桌面上的"应用市场"。

第二步：以下载微信或支付宝为例，先在搜索栏输入微信或支付宝，即会弹出相应软件，再点击右侧的"安装"。当出现进度条时，即表示开始下载和安装。当出现"打开"按钮时，即表示下载和安装完成。

图 1-35 下载和安装微信

图 1-36 下载和安装支付宝

第三步：下载成功后，既可以直接打开软件，也可以回到手机界面，找到相应图标后再打开软件。

第二章 社交支付智能应用

　　智能手机的出现，特别是一些社交软件的广泛应用，极大地改变了老年人的生活方式。越来越多的老年人进入微信"朋友圈"，更便捷地享受智能时代所带来的新型社交环境，提升生活的幸福感与获得感。本章主要介绍微信注册登录、添加好友、与好友聊天、实名认证、收发红包、线上线下付款，以及设置提示、消息免打扰、提醒和直播等基本功能。

【学习目标】

完成本章内容的学习后，您将：

1. 学会进行微信注册登录；
2. 学会添加微信好友；
3. 学会使用微信与好友聊天；
4. 学会进行微信实名认证；
5. 学会使用微信收发红包；
6. 学会使用微信进行手机支付；
7. 学会设置微信提示；
8. 学会设置消息免打扰和提醒；
9. 学会使用微信进行直播。

【温馨提示】

1. 请确保手机已下载微信 App，并对微信的用途有初步的认知。
2. 苹果手机和安卓手机在实际使用过程中会略有不同。

知识点 1
如何完成注册登录

作为日常交流沟通的重要媒介，微信既加强了人们与亲友的情感交流，也扩大了智慧生活的覆盖范围。其中，微信的注册登录是使用的第一步。

情境导入

某天下午，智叔叔和他的朋友们在一起聊天。听着大家聊着自己子女的情况，智叔叔很是羡慕。

智叔叔感慨道："我儿子长年在外地工作，只有过年才回一趟家。看着你们每天都能和孩子们在一起，特别羡慕。"

智叔叔的朋友老王说："老智啊，你跟不上时代了吧，通过微信就可以和孩子们视频聊天，可以从手机上看到他们的近况。"

智叔叔说："一直听说微信很好用，我最近刚下载了这个软件，还不知道怎么注册，你们能教教我吗？"

具体步骤

第一步：找到并点击手机中已经下载好的"微信"应用。

第二步：在"微信"页面点击"注册"。

图 2-1　点击微信

图 2-2　注册微信

第三步：在出现的页面中填写相关信息，包括"昵称""国家 / 地区""手机号""密码"，并点击"同意并继续"。

第四步：进入"微信隐私保护指引"页面，在"我已阅读并同意上述条款"前打勾，并点击"下一步"。

图 2-3　填写相关信息

图 2-4　完成微信隐私保护指引

第五步：进入"安全验证"页面，点击"开始"。在弹出的
"微信安全"页面中拖动图片下方的绿色图形，直至完成拼图。

图 2-5　安全验证

第六步：进入"安全校验"页面，寻找符合页面要求的微信
用户进行验证。

图 2-6　安全校验

如果难以找到可以进行扫码验证的微信用户，也可点击左下角的"不方便扫码？"，然后根据页面中的提示进行安全校验。

第七步："安全校验"成功后，即可进入新页面。点击"返回注册流程"，就会出现"发送短信验证"页面。按照提示打开"短信"页面进行相关操作后，点击"已发送短信，下一步"。完成以上操作步骤后，系统将自动登录该注册账号。

图 2-7 发送短信进行验证

注意

设置好账号和密码后，一定要妥善保管，最好用笔记下，避免后期再次登录时忘记密码无法登录。

老年人智慧生活初级篇

知识点 2
如何添加好友

微信已成为当下聊天的主要应用软件。在添加微信好友的前提下，我们才能和朋友开启远距离的畅聊，构建新型沟通交流方式。

情境导入

如今，慧阿姨发现小姐妹们的"好友圈"都转移到了线上，而自己才刚刚注册微信，还没有添加好友，也不会通过微信和她们聊天。

慧阿姨问小姐妹们："你们每天都在通过微信建群聊天，我感觉自己再不学会就要与你们脱节了。可是，我的微信中一个好友都没有，这是怎么回事？"

小姐妹们告诉慧阿姨："我们只有添加过好友，才可以无限畅聊。"

慧阿姨说："我要如何在微信中添加好友，并让好友添加自己？你们快来教教我吧。"

具体步骤

第一步：打开"微信"，点击右上角的"⊕"。

第二步：选择并点击"添加朋友"。

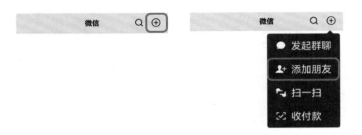

图 2-8　点击"⊕"

图 2-9　添加朋友

第三步：选择一种添加朋友的方式，如输入手机号或者微信号，并点击搜索。

图 2-10　选择添加朋友的方式

第四步：确认好朋友的微信名后，点击"添加到通讯录"。在"申请添加朋友"页面点击"发送"，将朋友添加到微信列表。

图 2-11　申请添加朋友

第五步：点击微信首页下端的"通讯录"，再点击"新的朋友"，找到朋友后点击"接受"。完善相关信息后点击"完成"，即可添加朋友。

图 2-12　完成添加朋友

第六步: 看到此页面时, 则表示朋友添加成功。

图 2-13　朋友添加成功

知识点 3
如何与好友聊天

作为即时通信工具，微信成为日常沟通交流中必不可少的工具，其线上聊天功能既使人们的生活越来越丰富，也使人们的生活圈越来越美好。通过微信聊天功能，既能单独和某个好友进行聊天，也能建立微信聊天群，和群内好友共同聊天。

情境导入

　　快到午饭时间了，慧阿姨想通过微信和小姐妹们一起聊聊吃什么，切磋一下厨艺。可是，慧阿姨发现虽然自己在通讯录里添加了许多小姐妹，但还没有通过微信聊过天。

　　慧阿姨疑惑道："都说微信可以聊天，可我的微信界面却是空空荡荡的。今天，我正好想和小姐妹们讨论如何学做一道新菜，要是能掌握线上与好友聊天的功能就好了。"

　　慧阿姨具体要怎么操作，才能与小姐妹们一起聊天？

具体步骤

1. 单独与好友聊天

第一步：打开微信，点击"通讯录"。

图 2-14　点击"通讯录"

　　第二步：选择想要聊天的一位小姐妹，就可以进入她的个人信息界面。

图 2-15　找到好友

第三步：点击"发消息"，就可以进入和这位小姐妹的聊天界面，即可开启聊天。

第四步：可通过点击聊天界面下方的图标选择聊天方式，包括发送语音、发送文字或表情、发送图片、发起语音通话、发起视频通话等。

图 2-16　点击"发消息"　　图 2-17　选择聊天方式

（1）如果选择的聊天方式为"文字"，则按照以下步骤进行操作：点击输入框，在弹出的输入界面中输入文字。

图 2-18　文字聊天

（2）如果选择的聊天方式为"语音"，则按照以下步骤进行操作：点击左下方的喇叭状按钮，在弹出的界面中长按"按住 说话"，说完话后再松开，即可发送语音。

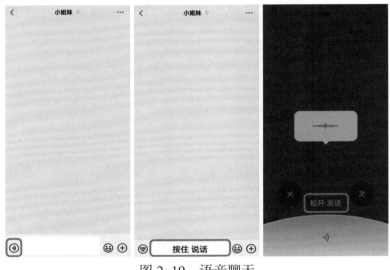

图 2-19　语音聊天

（3）如果选择的聊天方式为"视频"，则按照以下步骤进行操作：点击右下方的"⊕"按钮，在弹出的界面中点击"视频通话"，即可发起视频通话。

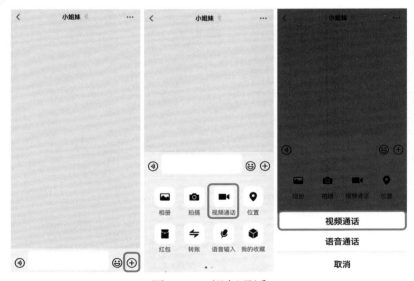

图 2-20　视频通话

老年人智慧生活初级篇

2. 与多个好友一起聊天

第一步：点击微信右上角的"⊕"按钮，点击"发起群聊"。

图 2-21　点击"发起群聊"

第二步：勾选想要一起聊天的好友。

第三步：点击"完成"，就可以与自己的小姐妹们聊天了。

图 2-22　勾选好友

图 2-23　组建聊天群

知识点 4
如何进行实名认证

　　智能手机给人们的生活带来便利的同时，也存在诸多安全隐患。为了保证微信使用畅通无阻，特别是防范支付风险，微信设置了"实名认证"功能来保障用户的合法权益。

📹 情境导入

　　除夕之夜，大家围坐在电视机前吃着年夜饭，等待春晚的开播。近几年，大部分家庭多了一项活动，就是"抢红包"环节。

　　慧阿姨看到大家都抢到了红包，自己却无法收取红包，便问道："我在收取红包时发现要实名认证，这可怎么办？"

　　慧阿姨的女儿说："微信作为社交平台进行聊天时，不需要进行实名认证。但如果涉及支付功能，为了保障我们的财产安全，就需要进行实名认证了。"

　　慧阿姨问道："原来是这样啊！你快教教我怎么进行实名认证吧。"

📝 具体步骤

　　第一步：打开"微信"，点击右下角的"我"。
　　第二步：在弹出的界面中点击"服务"。

图 2-24　点击"我"　　　　图 2-25　点击"服务"

第三步：找到并点击"钱包"（待实名认证）。

第四步：在弹出的界面中点击"身份信息"。

图 2-26　点击"钱包"　　　图 2-27　点击"身份信息"

第五步：在弹出的界面中点击"立即认证"。

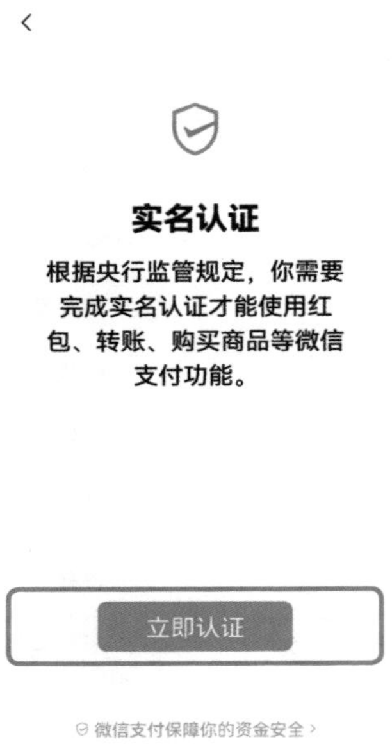

实名认证

根据央行监管规定，你需要
完成实名认证才能使用红
包、转账、购买商品等微信
支付功能。

立即认证

⊘ 微信支付保障你的资金安全 ›

图 2-28　实名认证

第六步：在"微信支付用户服务协议及隐私政策"界面中
点击"同意"。

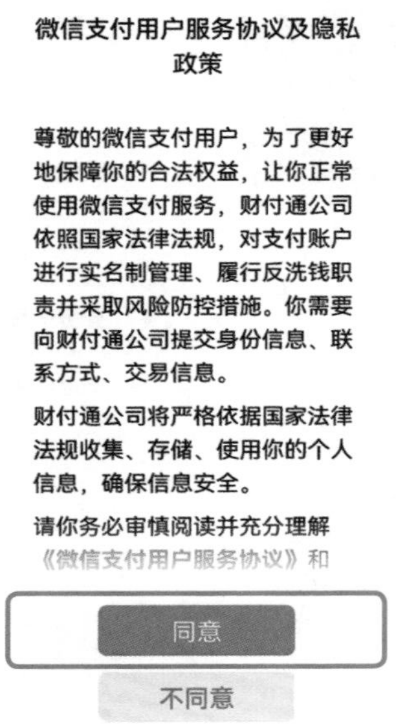

微信支付用户服务协议及隐私
政策

尊敬的微信支付用户，为了更好
地保障你的合法权益，让你正常
使用微信支付服务，财付通公司
依照国家法律法规，对支付账户
进行实名制管理、履行反洗钱职
责并采取风险防控措施。你需要
向财付通公司提交身份信息、联
系方式、交易信息。

财付通公司将严格依据国家法律
法规收集、存储、使用你的个人
信息，确保信息安全。

请你务必审慎阅读并充分理解
《微信支付用户服务协议》和

同意

不同意

图 2-29　微信支付用户服务协议及隐私政策

第七步：在弹出的界面中填写身份信息，并点击"下一步"。

填写身份信息

姓名	请输入本...
性别	选择性别 >
证件类型	居民身份证 >
证件号	填写完整...
证件生效期	选择证件生效期 >
证件失效期	选择证件失效期 >
职业	请选择职业 >
地址	请选择地区 ◎

下一步

图 2-30　填写身份信息

第八步：在弹出的界面中填写地址信息，并点击"确定"。

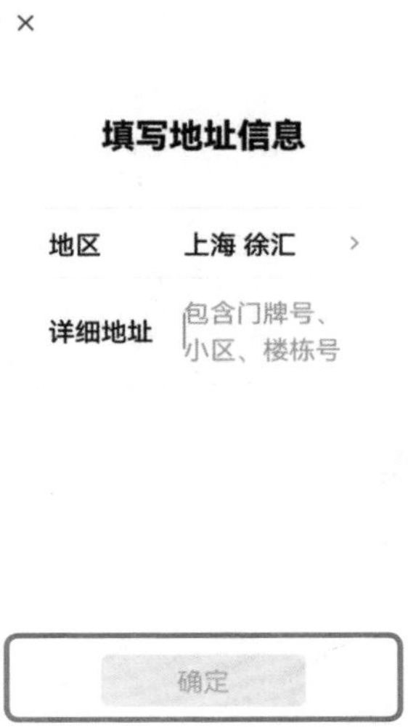

×

填写地址信息

地区	上海 徐汇 >
详细地址	包含门牌号、小区、楼栋号

确定

图 2-31　填写地址信息

第九步：在弹出的界面中添加银行卡，填写微信号本人银行卡号，并点击"下一步"。

图 2-32　添加银行卡

第十步：在弹出的界面中填写持卡人信息，并点击"下一步"。同时，对于"银行协议"，须点击"同意"。

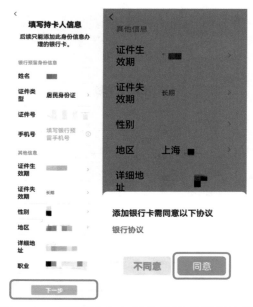

图 2-33　填写持卡人信息并同意银行协议

第十一步：在弹出的界面中验证银行预留手机号，并点击"下一步"。

<

验证银行预留手机号

手机号　■ ■ ■■

验证码　■ 　　■ 已发送
　　　　　　　　　　(50)

收不到验证码？

下一步

图 2-34　验证银行预留手机号

第十二步：实名认证成功，并点击"完成"。

实名认证成功

完成

图 2-35　实名认证成功

知识点 5
如何收发红包

微信的"收发红包"功能既可以作为网络社交平台的新型娱乐活动与支付方式，也可以作为传统佳节、重要节日的互动方式。人们可以通过便捷的操作流程，获得一种全新的生活体验与乐趣。

情境导入

情境一：每次小孙女的生日到来之际，慧阿姨都会为她准备一个充满祝福寓意的纸制红包，图个吉祥与开心。今年，小孙女马上要过生日了。慧阿姨发现最近很流行用微信红包送祝福，自己也很想学一学，赶个潮流。慧阿姨说："现在，大家都不用去银行取钱了，要是能学会在微信上发红包和送祝福，那就太方便了。可是，我还不会使用这个功能。"慧阿姨的小姐妹说："这好办，我来教你怎么发红包。"

情境二：以往，小辈给长辈拜年时，长辈们会用吉祥的红纸包一个好运的红包，送给家中的小孩，这是一个充满仪式感的环节。如今，人们都通过在微信群里发送红包来表达祝福。慧阿姨在家庭群里也看到了许多祝福红包，可是不知道要怎么操作才能领取家庭群里的祝福红包。慧阿姨的小姐妹说："这不难的，我来教你怎么收红包。"

1. 发红包

第一步：打开微信，找到想要发红包的人，再点击这个人的头像，就会显示聊天对话框。

图 2-36　找到聊天好友

第二步：在对话框中点击右下角的"⊕"，就会出现有多重功能的界面。

图 2-37　点击"⊕"

第三步：在有多重功能的界面中找到"红包"，并点击，就会出现"填写红包金额"的界面。

第四步：在"填写红包金额"的界面中填写三条内容，包括"单个金额""祝福语""红包封面"。填写好后，点击"塞钱进红包"。切记单个红包的金额不能超过 200 元。

图 2-38　点击"红包"　　图 2-39　填写红包金额

第五步：弹出支付页面，选择支付方式（零钱或已绑定的银行卡），并填写密码。

图 2-40　选择支付方式

第六步：红包发送成功，等待领取。

图2-41　红包发送成功

注意

1. 如果对方成功领取红包后，就会显示"×××领取了你的红包"。如果对方在24小时内没有领取，红包将自动退回到你的账户。

2. 发送红包前，一定要确认对方身份的真实性。

2. 收红包

第一步：打开微信，找到有"红包"界面的微信群。

第二步：点击"红包"，出现"開"红包界面。点击"開"后，即可收到红包。

图 2-42　微信群界面　　　　图 2-43　收红包

第三步：看到"你领取了 ××× 的红包"界面时，就表示已成功收到红包。此时，可在微信"钱包"进行查看。

图 2-44　查看收取的红包

知识点 6
如何进行手机支付

　　微信不仅给人们提供了便捷的沟通交流方式，还提供了便利的支付方式。以往我们出门一定要带上现金，但同时既担心会丢失，又担心会收到假币。如今，只需要一部智能手机，便可轻松消除这些顾虑，进行线上和线下消费付款。

情境导入

　　情境一：最近，慧阿姨去菜场买菜时，看到其他人已经不用现金了。只要对着一个机器"嘀"一下就支付成功了，或者扫描商户的二维码就可以提着东西出门了。慧阿姨也心动了，便向小姐妹问道："智能手机也太神奇了，只要'嘀'一下，便可全部搞定。我也想学习一下。"慧阿姨的小姐妹说："我来教你怎么操作。"

　　情境二：微信的支付功能不仅给大家提供了便利的线下付款方式，还实现了足不出户即可轻松进行线上购物、缴费等。今天，智叔叔正要去营业厅缴纳手机费。他的老伙伴说："智能时代了，我们的生活已非常便利，不用大老远跑一趟，线上就能轻松缴费了。"智叔叔虽然听说过线上可以缴纳手机话费、水费、电费、燃气费等，但却不知道要怎么操作。他的老伙伴说："我来教你。"

1. 线下消费付款

第一步：打开"微信"，点击右上角的"⊕"。

图 2-45　点击"⊕"

第二步：如果需要收付款，可以按照以下步骤进行操作：（1）选择"收付款"选项，并点击；（2）界面跳转后，点击"收付款"，就会出现付款码；（3）将付款码出示给商家，就可以享受便捷的支付方式了。

 注意

1. 付款成功后，手机上会显示付款金额。

2. 确保支付账户中余额充足，否则可能会被提醒"余额不足"。

老年人智慧生活初级篇

图 2-46　微信收付款

第三步：如果需要扫一扫，可以按照以下步骤进行操作：（1）选择"扫一扫"选项，并点击；（2）页面跳转后，扫描商家的付款二维码。

图 2-47　点击"扫一扫"　图 2-48　微信扫码界面

注意

因为给个人和商家付款的界面不同，所以要根据实际情况进行操作。

第四步：在弹出的界面中输入金额，并点击"付款"。

第五步：在弹出的界面中输入支付密码或使用指纹进行支付，并点击"确认支付"。

第六步：支付成功后，就会出现微信支付凭证。

图 2-49　输入金额并付款

图 2-50　确认支付

图 2-51　微信支付凭证

注意

扫码前，一定要与商家确认付款二维码是否正确。

2. 线上消费付款

第一步：打开"微信"，点击右下角的"我"。

第二步：找到"服务"，并点击。

图 2-52　点击"我"　　　图 2-53　点击"服务"

　　第三步：在生活服务模块中找到"手机充值"及"生活缴费"。点击"生活缴费"，即可看到电费、水费、燃气费等选项。

图 2-54　微信缴费

第四步：以缴纳手机话费为例，在生活服务中点击"手机充值"。

图 2-55 手机充值

第五步：在弹出的界面中输入自己的手机号，并选择缴费金额，再在弹出的支付方式界面中选择"微信支付"。

图 2-56 微信支付

第六步：在弹出的界面中点击"确认支付"，输入支付密码或使用指纹进行支付。

第七步：完成以上步骤后，就会出现"支付成功"界面。点击"完成"，则话费充值成功。

图 2-57　确认支付　　　图 2-58　支付成功

注意

个人进行线上缴费时，要确保个人信息及缴费详情准确无误。

知识点 7
如何设置微信提示

　　微信提示主要包括以下几点：收到新消息时，是否有提示音或震动，是否在手机通知栏里显示新消息的通知；在锁屏的情况下，是否能看到消息内容。

情境导入

　　智叔叔的微信里有很多好友和群组，经常收到许多新消息，导致手机总是响个不停，通知栏总是有很多消息通知。

　　智叔叔对此很是困扰，就请教自己的老伙伴们："我的手机总是一直响个不停，我也只能不停地去查看消息，着实有点麻烦。你们有没有办法让它不要一直响？"

　　智叔叔的老伙伴说："这个其实不难的，只要设置微信提示后，就可以有效减少新消息通知的干扰了。我来教教你吧。"

具体步骤

　　第一步：找到并点击"微信"。

　　第二步：点击右下角的"我"，再点击"设置"。

　　第三步：点击"新信息通知"。

图2-59 点击"新信息通知"

（1）向右滑动"接收新消息通知"的滑动条，使其变为绿色。此时，如果微信收到新消息，就会在手机通知栏显示，手机锁屏时就会在桌面显示。若"接收新消息通知"为关闭状态，则右侧的滑动条为灰色。此时，微信收到新消息则不会显示。

图2-60 打开"接收新消息通知"

（2）向右滑动"接收语音和视频通话邀请提醒"的滑动条，使其变为绿色。打开后才能接收到语音和视频通话邀请，否则就不会提醒。

（3）向右滑动"通知显示消息详情"的滑动条，使其变为绿色。此时，微信收到新消息后，在手机通知栏或手机锁屏桌面显示的同时，还会显示发消息的好友名称和消息内容。若"通知显示消息详情"为关闭状态，则仅在手机通知栏或手机锁屏桌面显示有新消息，不会显示发消息的好友名称和消息内容。

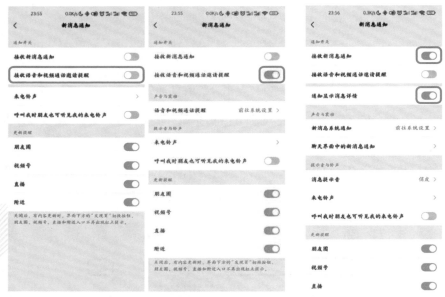

图 2-61　打开"接收语音和视频通话邀请提醒"　图 2-62　打开"通知显示消息详情"

 注意

　　"通知显示消息详情"只有在打开"接收新消息通知"之后才会显示。

第四步：设置消息提示音与来电铃声。

（1）打开"消息提示音"，选择一种声音作为新消息提示音。

图 2-63　设置消息提示音

（2）打开"来电铃声"，点击"更换"，选择一个铃声作为语音和视频通话的提示音。

图 2-64　设置来电铃声

（3）点击"朋友呼叫我时的专属铃声"，选择一个好友，再选择一个铃声作为好友发起语音和视频邀请时的特殊提示音。

图 2-65　给好友设置专属铃声

（4）打开"呼叫我时朋友也可听见我的来电铃声"后，当好友向你发起语音和视频邀请时，也能听到你设置的来电铃声。

图 2-66　打开"呼叫我时朋友也可听见我的来电铃声"

知识点 8
如何设置消息免打扰
和提醒

　　消息免打扰是指微信可以正常接收消息，但不会提示消息数量，也不会弹出通知。提醒是指在接收到某个联系人发来的消息后，强制提醒用户，即使在设置了免打扰的情况下也会发出提醒。

情境导入

　　情境一：最近，慧阿姨加了很多微信群。这些微信群会频繁地发送各种信息，因此她的手机经常深夜也会响个不停。慧阿姨又担心会错过家人的重要信息，所以不敢关机。这天，慧阿姨请教她的小姐妹："我既不想这些群聊消息不停地响，也不想退群，这可怎么办？"慧阿姨的小姐妹说："你可以把这些群聊设置为消息免打扰。"

　　情境二：今天上午，智叔叔和儿子约定了晚上用微信聊会儿天。智叔叔感觉微信的消息提示音很小，他平时总是会错过一些新消息。智叔叔不知道儿子具体几点有空，很担心会错过儿子的信息。于是，智叔叔就请教他的老伙伴："我晚上要和儿子用微信聊天，你们有什么办法可以帮我设置一个收到儿子消息的提醒？"智叔叔的老伙伴说："这个很简单，我来教你怎么操作。"

1. 消息免打扰

第一步：找到并打开"微信"。

第二步：如果是好友消息免打扰，就要先找到与好友的聊天界面，再点击右上角的"…"，向右滑动"消息免打扰"的滑动条，使其变为绿色；如果是微信群消息免打扰，就要先找到微信群的聊天界面，再点击右上角的"…"，向右滑动"消息免打扰"的滑动条。

2. 提醒

第一步：找到并点击"微信"。

第二步：找到与好友的聊天界面，再点击右上角的"…"。

第三步：向右滑动"提醒"的滑动条。接下来的 3 个小时内收到该好友的新消息时，微信就会长时间、大声响铃地提醒你。

图 2-67　设置消息免打扰　　图 2-68　设置提醒

知识点 9
如何直播

随着网络技术的普及，直播逐渐成为一种十分重要的传播形式。本书介绍的微信直播主要有群直播和普通直播两种。群直播的受众只是微信好友；普通直播的受众既可以是所有人，也可以通过设置进行指定。

情境导入

这周，慧阿姨组织了一个学习沙龙，给小姐妹们介绍非物质文化遗产。有些小姐妹因为家里有事，不能来参加，但又特别想了解我国的非物质文化遗产。慧阿姨就问女儿："女儿，有什么方法可以让不能参加学习沙龙的小姐妹们也能观看我们的交流与讨论？"

慧阿姨的女儿说："妈妈，你可以通过微信群进行直播，这样那些不能到现场的人就可以通过直播来参与。我来教你怎么操作吧。"

具体步骤

1. 群直播

第一步：找到并打开"微信"。

第二步：找到微信群，再点击右侧的"⊕"，向左滑动翻页，找到并点击"群直播"。

图 2-69　点击"群直播"

第三步：点击协议前的"○"，并点击"我知道了"。

图 2-70　同意协议

第四步：设置主题，再点击"开始直播"。

图 2-71 设置主题并点击"开始直播"

2. 普通直播

第一步：找到并打开"微信"。

第二步：点击最下方一排的第三个选项"发现"，再点击
"直播"。

图 2-72 进入直播

第三步：点击右上角的"更多"，再点击右上角的"开播"。

图 2-73　开始直播

第四步：注册视频号。点击"创建账号"，输入名字、性别、地区等信息，再勾选"我已阅读并同意《微信视频号运营规范》和《隐私声明》"，点击"创建"，即可注册自己的视频号。

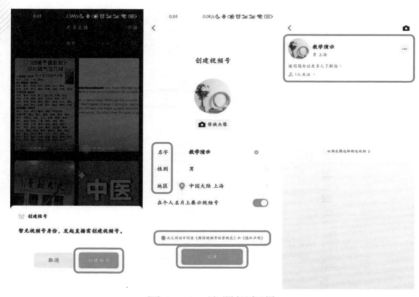

图 2-74　注册视频号

第五步：以视频号"发起直播"，按步骤进行实名信息认证，再点击"下一步"。

图 2-75　发起直播

第六步：阅读《微信视频号直播功能使用协议》和《微信视频号直播行为规范》，点击"同意并继续"，再点击"同意并完成"。

图 2-76　同意协议

第七步：设置直播类型。点击"分类"，选择直播所属的类型，再点击"完成"。

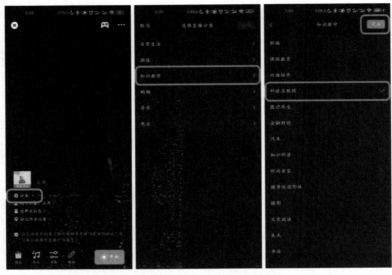

图 2-77　设置直播类型

第八步：设置可以观看直播的观众信息。点击"公开"，则向所有人直播；点击"指定观众"，再选择好友，则只有被选中的好友可以看你的直播。

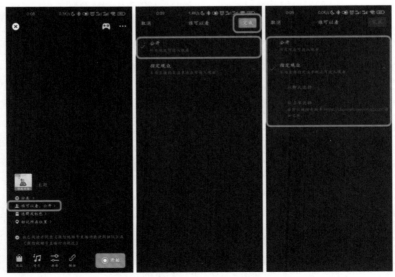

图 2-78　设置可以观看直播的观众信息

第九步：点击"标记所在位置"，可以设置直播的位置。

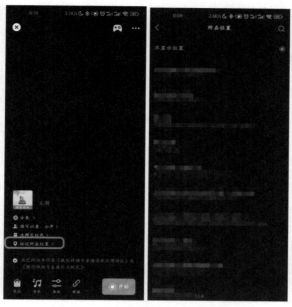

图 2-79　点击"标记所在位置"

第十步：点击"画面"，可以使用美颜、美妆、滤镜等功能，让画面更好看。

图 2-80　点击"画面"

第十一步：点击"音乐"，可以在直播中添加一个背景音乐。

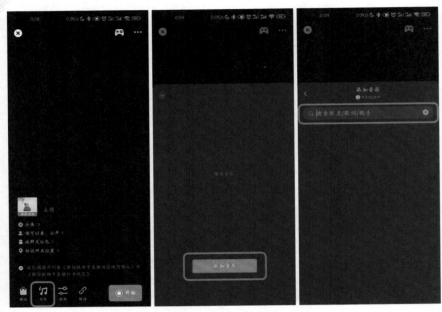

图 2-81　添加背景音乐

第十二步：点击"开始"，即可进行直播。

图 2-82　开始直播

老年人智慧生活初级篇

第三章　交通就医日常智能应用

　　随着互联网、大数据、人工智能等的快速发展，人们越来越习惯用随申办市民云处理各种生活问题，办理各类政务服务。随申办市民云是专为上海市民打造的生活服务平台，可以为市民的生活提供更多便利。本章主要介绍随申办市民云常用的交通出行应用、天气情况查询、线上预约挂号、生活缴费等功能。

【学习目标】

完成本章内容的学习后, 您将:

1. 学会查询实时公交到站信息;

2. 学会乘坐公交;

3. 学会乘坐地铁;

4. 学会打车;

5. 学会查询天气情况;

6. 学会线上预约挂号;

7. 学会生活缴费。

【温馨提示】

1. 请确保手机已经安装随申办市民云 App, 并已学会使用随申办市民云的基本功能。

2. 在实际使用过程中, 苹果手机和安卓手机会略有不同。

知识点 1
如何查询实时公交
到站信息

实时公交到站查询功能是指乘客可以提前通过软件查看附近公交的到站时间，查询最近的公交站点，减少等待的时间。

情境导入

今天智叔叔要乘坐公交车到老年大学参加早上九点的书法课。他已经在公交站等了十几分钟了，车还没来。就在他非常着急时，看到慧阿姨迎面走来。

智叔叔说："慧阿姨，我每天出行靠公交，经常要在公交站等上一段时间才能坐上公交车，真的有点浪费时间。"

慧阿姨说："智叔叔，你可以在随申办市民云上提前查询要搭乘的公交车到哪里了，这样可以计划好，从而减少等待的时间。"

智叔叔说："有这么好的功能吗，你快教教我怎么操作吧！"

具体步骤

第一步：找到手机桌面上的"随申办市民云"，并点击。

第二步：在"随申办市民云"首页点击"出行服务"。

图 3-1　点击"出行服务"

第三步：在"出行服务"页面点击"公交"。

第四步：在"公交实时到站查询"处输入需要查询的线路。

图 3-2　点击"公交"　　　图 3-3　输入需要查询的线路

第五步：根据自己所查询的方向进行选择，如果方向相反，则要点击右侧的双箭头"换向"按钮。

图 3-4　选择出行方向

第六步：方向正确后，可选择自己所查公交站的位置。如斜土路枫林路，点击站点，即可出现公交到站信息。

图 3-5　查询公交到站信息

知识点 2
如何乘坐公交

公交车是最为普遍的一种大众运输工具，可以满足人们日常出行的基本需求，且价格低廉，便于出行。其支付方式有现金支付、刷卡支付和扫码支付。

情境导入

今天智叔叔约了一群朋友去公园采风，准备搭乘公交车前往。可到了公交站等车时，智叔叔突然发现忘记带公交卡了。正当他不知所措时，慧阿姨出现了。

慧阿姨说："智叔叔，你看起来有点着急，出了什么事吗？"

智叔叔说："我约了朋友去公园采风，可是现在才发现忘记带公交卡了。刚刚看了你给我推荐的公交到站信息，公交车还有五分钟就要到了，现在回家就赶不及了。"

慧阿姨说："你不用特地跑回家拿，只要在随申办市民云上申领乘车码，就能直接扫码乘车啦！"

智叔叔说："太好了！你快教教我怎么申领吧！"

具体步骤

第一步：找到手机桌面上的"随申办市民云"，并点击。

第二步：在"随申办市民云"首页点击"出行服务"。

第三步：在"出行服务"页面点击"公交"。

第四步：选择"点击亮乘车码"。

图 3-6　点击"公交"　　图 3-7　选择"点击亮乘车码"

第五步：首次使用时，勾选"已阅读并同意上海公共交通乘车扫码服务使用协议"，并点击"立即开通"，即可开通乘车码。

图 3-8　开通乘车码

第六步：在"支付方式管理"页面选择一种免密支付方式。

第七步：点击"同意协议并开通"，即可开通免密支付。

图 3-9　选择免密支付方式　　图 3-10　开通免密支付

第八步：开通免密支付后，点击"完成去乘车"，就会出现乘车码。

图 3-11　完成设置，获得乘车码

知识点 3
如何乘坐地铁

因不堵车、速度快、价格便宜，地铁成为人们普遍选择的交通工具，给人们的出行带来了极大的便利。

情境导入

　　每周一，慧阿姨都要从家里出发去老年大学上课。综合下来，她发现还是坐地铁最便捷。

　　慧阿姨说："现在出门只要带上手机就够了，但是有时候想要坐地铁，还得带上公交卡。年纪大了，偶尔忘了就没办法坐地铁了。"

　　智叔叔说："慧阿姨，上次你教我用手机搭乘公交车，我回去又研究了一下，发现手机也能坐地铁。"

　　慧阿姨说："真的吗，这次换你教教我。"

具体步骤

第一步：找到手机桌面上的"随申办市民云"，并点击。

第二步：在"随申办市民云"首页点击"出行服务"。

第三步：在"出行服务"页面点击"地铁"。

图 3-12　点击"地铁"

第四步：选择"点击亮乘车码"。

图 3-13　选择"点击亮乘车码"

第五步：首次使用时，要选择同意协议并点击"立即开通"。

第六步：在"开通支付授权"页面选择一种支付渠道。

图 3-14　开通"乘地铁"功能　　图 3-15　选择支付渠道

第七步：以支付宝为例，授权"随申办市民云"打开支付宝，并点击"确认开通"。

图 3-16　开通支付宝先乘后付

第八步：确认开通支付宝先乘后付，完成支付授权。

图 3-17　完成支付授权

第九步：开通支付授权后，就会出现乘车码。

图 3-18　开通授权并获得乘车码

知识点 4
如何打车

如今，出行可以选择的交通工具越来越多样化。地铁、公交、出租车等，这些交通工具给人们的生活带来了极大的便利。前文已经介绍了如何乘坐公交和地铁，接下来让我们一起学习如何打车吧！

📹 情境导入

今天智叔叔要去朋友家里做客，带了很多礼物，因此搭乘公交或地铁都不太方便：一是礼物有点沉；二是公交或地铁站点离朋友家都有段距离。

他心想，打车是最好的办法，但不知道用哪个平台打车。

于是，他请教了智能手机课程的赵老师："赵老师，我现在准备出门打车去朋友家，但我不知道要怎么操作。请问我应该如何选择打车软件，具体怎么操作？"

赵老师说："我来教你怎么在随申办市民云上打车吧。"

📝 具体步骤

第一步：找到手机桌面上的"随申办市民云"，并点击。

第二步：在"随申办市民云"首页点击"出行服务"。

第三步：在"出行服务"页面点击"出租车"。

图 3-19　点击"出租车"

第四步：首次使用时，需要点击"同意授权"，完成手机号绑定。

第五步：在叫车界面确认上车地址。

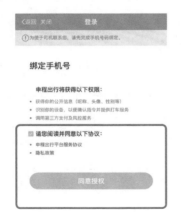

图 3-20　同意授权并绑定手机号　　图 3-21　确认上车地址

第六步：输入目的地，并确认地址是否有误。

第七步：点击"呼叫出租车"。

图 3-22　输入并确认目的地　　图 3-23　点击"呼叫出租车"

第八步：叫车成功后，原地等待即可。

图 3-24　等待出租车

 注意

线上叫车既可以线上直接付款，也可以线下用现金付车费。

知识点 5
如何查询天气情况

天气预报是对未来一定时期内天气变化的事先估计和预告。打开"天气预报"App，系统会根据你的定位，显示当地天气情况，如气温、气压、降雨概率等基本信息。

情境导入

今天慧阿姨望着窗外的大太阳，准备把被子拿到楼下晾晒。此时，智叔叔看到了，便走了过来。

智叔叔说："慧阿姨，你怎么这个时候晒被子？"

慧阿姨说："我看太阳很好，正适合晒被子。"

智叔叔："哎呀，你没看天气预报吗，再过一个小时有大暴雨！"

慧阿姨："没有啊，我昨天没看电视播报。"

智叔叔："现在不仅可以用手机查看天气预报，还可以直接用随申办市民云查看天气预报。通过这些软件，可以查到十天内的天气情况，既准确又方便。"

慧阿姨："真的啊！我也来学习一下。"

具体步骤

第一步：找到手机桌面上的"随申办市民云"，并点击。

老年人智慧生活初级篇

第二步：在"随申办市民云"首页点击"更多"。

图 3-25　点击"更多"

第三步：在"生活服务"主题下点击"天气预报"。

图 3-26　点击"天气预报"

第四步：查看所在城市的天气情况、空气质量、今日生活指数、未来十天天气等内容。

图 3-27　查看天气情况

💡 **注意**

我们也可以在"随申办市民云"首页搜索"天气"，就可以查看当天天气指数及未来十天天气。

知识点 6
如何线上预约挂号

预约挂号是一项便民就医服务，旨在缩短看病流程，节省患者时间。一般可以通过拨打医疗机构提供的电话进行预约挂号，也可通过小程序或 App 进行线上预约挂号。

情境导入

最近，智叔叔的胃有点不舒服，一大早他就赶去医院排队挂号了。他回来的时候一脸疲倦，在小区门口遇到了慧阿姨。

慧阿姨问道："智叔叔，听说你今天去医院了，一切都还好吗？"

智叔叔说："慧阿姨，我今天早上六点就出发去医院了，生怕挂不上号。排了大半天队，医生说没号了，我只好又回来了。"

慧阿姨说："智叔叔，你不知道吗，随申办市民云可以进行线上预约挂号了，操作起来很方便。"

智叔叔说："有这么方便的功能吗，我要赶紧学一下，以后再也不用这样白跑一趟了！"

第一步：找到手机桌面上的"随申办市民云"，并点击。

第二步：在"随申办市民云"首页点击"医疗健康"。

图 3-28　点击"医疗健康"

第三步：在"医疗健康"页面点击"预约挂号"，并填写姓名、手机号等信息。

图 3-29　点击"预约挂号"并完善信息

第四步：可以根据需要在医院列表页面搜索医院、医生。

第五步：选择需要挂号的科室。

图 3-30　搜索医院、医生　　图 3-31　选择需要挂号的科室

第六步：选择医生，并确定预约时间。

图 3-32　预约挂号

第七步：填写并确认就诊人信息。

图 3-33　填写就诊人信息

第八步：点击"提交"，确认就诊卡信息后再点击"提交"。完成预约挂号后，就会收到提示短信。

图 3-34　确认信息，完成预约挂号

知识点 7
如何进行生活缴费

生活缴费是指缴纳日常生活中产生的水费、电费、燃气费、有线电视费等。除了到线下营业厅进行缴费外，还可以在第三方平台上进行线上缴费。

情境导入

　　之前，家里的水费、电费、燃气费等都是智叔叔到线下营业厅缴纳的。2020 年，因为疫情的缘故，他没办法到线下营业厅缴费。眼看着电费缴纳的截止日期就快到了，他感到非常着急。

　　慧阿姨说："智叔叔，现在生活服务的缴费都可以在线上办理，不用去营业厅了。"

　　智叔叔说："线上缴费？会不会很麻烦？还要下载新的软件吗？"

　　慧阿姨说："不用担心，在随申办市民云上就能搞定。咱们一起来操作一下吧！"

具体步骤

第一步：找到手机桌面上的"随申办市民云"，并点击。

第二步：在"随申办市民云"首页点击"生活服务"。

第三步：以电费为例，点击"电费账单"，进入生活账单页面。

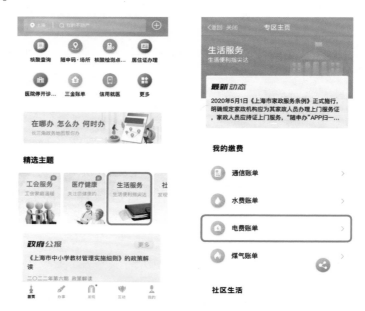

图 3-35　点击"生活服务"　　图 3-36　点击"电费账单"

第四步：点击"电费"，再点击"绑定账单"。

图 3-37　绑定电费账单

第五步：选择缴费单位，输入户号，再点击"确认绑定"。

图 3-38　确认绑定信息

第六步：完成电费账单绑定服务，就可以查询到当月电费情况。

图 3-39　查询当月电费情况

 注意

如果显示暂无欠费账单，便无须进行缴费。

第七步：点击"立即缴费"，跳转至支付宝缴费页面。

图 3-40　点击"立即缴费"

第八步：点击账单页面的"立即缴费"，确认缴费信息无误后，再点击"立即付款"，完成电费缴交。

图 3-41　确认缴费信息，完成缴费

图书在版编目（CIP）数据

老年人智慧生活. 初级篇 / 上海市老年教育教材研发
中心编. — 上海：上海教育出版社，2023.10
ISBN 978-7-5720-2360-6

Ⅰ.①老… Ⅱ.①上… Ⅲ.①人工智能－应用－生活
－老年教育－教材 Ⅳ.①TP18

中国国家版本馆CIP数据核字(2023)第205897号

责任编辑　袁　玲
封面设计　王　捷

老年人智慧生活初级篇
上海市老年教育教材研发中心　编

出版发行　上海教育出版社有限公司
官　　网　www.seph.com.cn
地　　址　上海市闵行区号景路159弄C座
邮　　编　201101
印　　刷　上海展强印刷有限公司
开　　本　700×1000　1/16　印张 7
字　　数　82 千字
版　　次　2023年10月第1版
印　　次　2023年10月第1次印刷
书　　号　ISBN 978-7-5720-2360-6/G·2089
定　　价　45.00 元

如发现质量问题，读者可向本社调换　电话：021-64373213